THE TIMES

Su Doku

The original, best-selling puzzle

Book 4

Compiled by Wayne Gould

First published in 2005 by Times Books

HarperCollins Publishers
77–85 Fulham Palace Road
London
w6 8JB

www.collins.co.uk

Reprint 3

ISBN 0–00–722241–6

A catalogue record for this book is available from the British Library.

Printed and bound in Great Britain by Clays Ltd, St Ives plc.

Contents

Puzzles

Solutions

			6				7	
7			1	4	5	6		
2			B	C	3		4	
		1	3			8		D
	6	A		8			9	
		9			7	5		
	7		8					6
		2	7	5	4			8
	5				1			

Tips from Wayne Gould

Where to begin? Anywhere you can!

You could just guess where the numbers go. But if you guessed wrong – and the odds are that you would – you would get yourself in an awful mess. You would be blowing away eraser-dust for hours. It's more fun to use reason and logic to winkle out the numbers' true positions.

Here are some logic techniques to get you started.

Look at the 7s in the leftmost stack of three boxes. There's a 7 in the top box and a 7 in the bottom box, but there's no 7 in the middle box. Bear in mind that the 7 in the top box is also the 7 for all of the first column. And the 7 in the bottom box is also the 7 for all of the second column. So the 7 for the middle box cannot go in columns 1 and 2. It must go in column 3. Within the middle box, column 3 already has two clues entered. In fact, there's only one free cell. That cell (marked A) is the only one that can take the 7.

**That technique is called slicing.
Now for slicing-and-dicing.**

Look at the 7s in the band across the top of the grid. The leftmost box has its 7 and so does the rightmost box, but the middle box doesn't have its 7 yet. The 7 in the righthand box accounts for all of the top row. The 7 in the lefthand box does the same for the second row, although in fact the second row of the middle box is all filled up with clues, anyway. Using our slicing technique, we know that the 7 must go in cell B or cell C.

It's time to look in the other direction. Look below the middle box, right down to the middle box at the bottom of the grid. That box has a 7, and it's in column 4. There can be only one of each number in a column, so that means the 7 for the top-middle box cannot go in cell B. It must go in cell C.

The numbers you enter become clues to help you make further progress. For example, look again at the 7 we added to cell A. You can write the 7 in, if you like, to make it more obvious that A is now 7. Using slicing-and-dicing, you should be able to add the 7 to the rightmost box in the middle band. Perhaps D stands for Destination.

If you have never solved a Su Doku puzzle before, those techniques are all you need to get started. However, as you get deeper into the book, especially as you start mixing it with the Difficult puzzles, you will need to develop other skills. The best skills – the ones you will remember, without anyone having to explain them ever again – are the ones you discover for yourself. Perhaps you may even invent a few that no one has ever described before.

Alpha Doku

When you have finished the Mild number puzzles, it's time to rest up before tackling the Difficult ones. In the Alpha Doku interlude, you can try your hand at the letter puzzles. They may look strange, but they are not so different. Instead of the numbers 1 to 9, we have the letters from A to I – but the rules are otherwise just the same. The Alpha Dokus are Mild, too.

How do you react to letters instead of numbers? If you have been a crossword fan for years, you should feel right at home. And if you are one of those number-phobic people (and there are a lot of us) you should feel very comfortable. Letter puzzles might even provide an entrée to Su Doku that has eluded you in the past. On the other hand, there are people who can speed through a regular Su Doku who are brought to a screeching halt when confronted with letters instead of numbers.

It is intriguing that if you find one style easier than the other, you can always replace numbers with letters or vice versa for any puzzle you attempt.

Wayne Gould

Puzzles

Easy

1

	5		4	8			6	2
8					3	5		
	3	2		7				1
	4	7	5				2	8
			9		8			
6	9				7	4	3	
3				1		6	4	
		1	3					7
2	8			6	9		5	

2			8		4			5
		7	2		3	4		
	4	5				6	2	
3	1			4			6	9
			9		2			
9	5			3			7	2
	7	9				3	8	
		8	5		1	2		
4			3		7			6

		6		5		2		3
8					1		5	9
1			6	3			4	
		8	4			7	6	2
			5		2			
4	7	2			8	9		
	5			8	7			1
9	3		2					8
2		7		1		4		

4

		5			9	3		
	2	7		1				
1			6	2		8	4	
6					2	5	3	
5		9	3		4	7		1
	3	2	8					9
	7	4		9	6			5
				3		1	7	
		8	5			6		

Easy

5

	8		4			7		
		6		3	9			8
4		9		1		5	2	
	7			5				1
	5	2	7		6	3	8	
9				8			7	
	4	7		2		8		3
2			1	4		6		
		5			3		9	

Mild

6

			6		4			
5		1				4		8
	6		5		3		2	
4			3		2			6
3		5				7		4
8			7		9			5
	4		9		6		5	
6		7				8		2
			8		1			

2								3
		3		4	1	5		
	9		5				6	
	6		2		3	1		
	2						7	
		5	9		6		8	
	3				5		9	
		1	7	2		6		
6								5

Mild

						7	4	
	9		5		6		1	
8	1	2	7					
	5				4			7
6				8				3
1			3				2	
					3	4	7	6
	8		4		1		9	
	6	5						

9

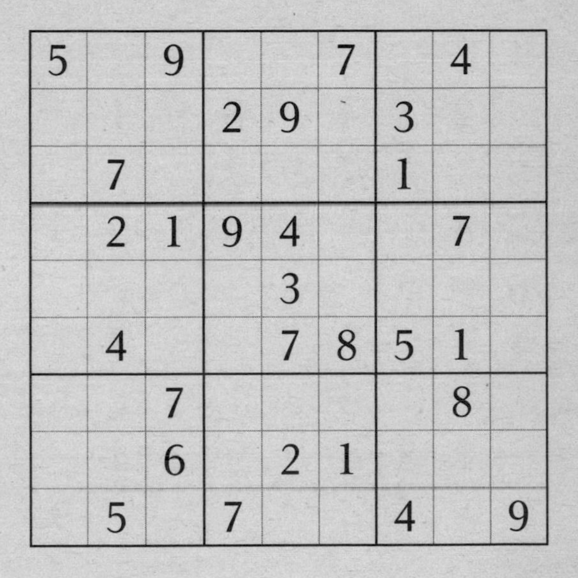

5		9			7		4	
			2	9		3		
	7					1		
	2	1	9	4			7	
				3				
	4			7	8	5	1	
		7					8	
		6		2	1			
	5		7			4		9

Mild

4								2
	2	7	4		8	9	1	
			7	9	2			
3	8						9	5
		9				6		
6	4						7	1
			6	3	1			
	1	8	5		9	3	4	
2								9

11

		3				1		
6	9		3		4		8	2
	2			8			7	
4			9		1			8
	3						9	
2			8		3			1
	4			9			1	
9	8		4		7		3	5
		5				6		

Mild

	3	1				7	2	
		4		6		3		
			1		9			
2		8	5		3	4		7
	1						3	
3		7	6		4	8		2
			7		6			
		9		2		1		
	6	5				2	7	

13

5								4
		3	2	8	6	5		
9		1				3		2
	4		9		1		3	
2								5
	3		8		5		2	
7		6				4		8
		2	6	1	4	7		
3								9

Mild

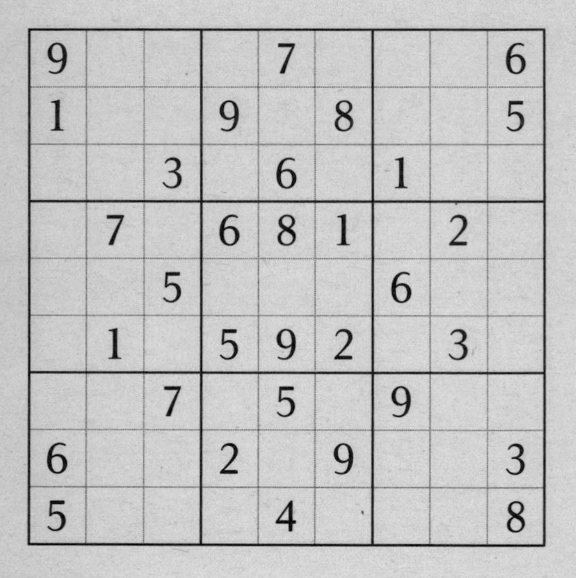

9				7				6
1			9		8			5
		3		6		1		
	7		6	8	1		2	
		5				6		
	1		5	9	2		3	
		7		5		9		
6			2		9			3
5				4				8

15

				5				
3	2		4		9		6	5
	7						1	
	4	7		8		6	3	
			5		2			
	6	9		4		1	5	
	1						8	
8	3		6		7		4	9
				2				

Mild

	4	1			8			2
	2		4	1				
	3							5
			5		1	7		9
		5				6		
4		9	2		7			
3							1	
				8	2		3	
6			7			4	9	

	7			6			4	
			1		9			
	2	5				7	6	
5		1	6		7	3		4
			5		2			
2		9	8		4	6		5
	9	7				2	8	
			9		1			
	1			8			9	

Mild

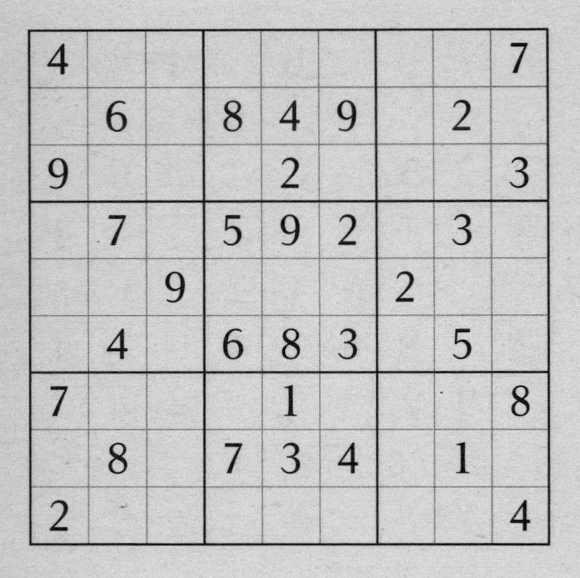

4								7
	6		8	4	9		2	
9				2				3
	7		5	9	2		3	
		9				2		
	4		6	8	3		5	
7				1				8
	8		7	3	4		1	
2								4

19

6		9				4		2
	2		7		9		1	
		8				5		
9			3		4			5
				1				
3			6		7			4
		7				6		
	3		5		1		4	
4		1				3		9

Mild

				2	9			
6								5
	1	9	6			3		
	7	8	5				4	9
		1				5		
4	5				7	2	8	
		2			1	6	9	
3								2
			7	3				

21

		5				8		
1	4		2		8		6	3
	2			7			5	
	8		5		1		7	
		3				1		
	5		6		3		4	
	6			2			1	
5	1		8		7		9	4
		8				5		

Mild

3	7						2	8
			1		8			
	8	2				4	5	
	6			3			8	
		3	2	6	1	7		
	4			8			9	
	3	4				5	7	
			9		5			
7	1						6	9

23

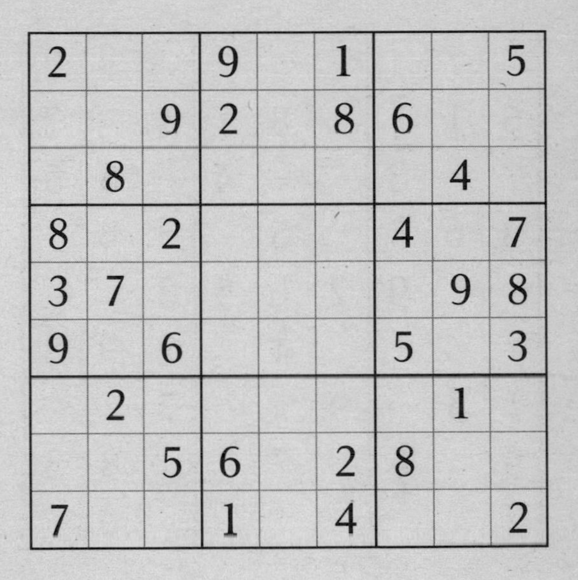

2			9		1			5
		9	2		8	6		
	8						4	
8		2				4		7
3	7						9	8
9		6				5		3
	2						1	
		5	6		2	8		
7			1		4			2

Mild

24

								2
6	1			8		4		7
		3			4		6	5
3		5		6				
		9	2		5	3		
				4		2		8
1	5		9			7		
9		6		7			8	3
2								

25

3			4					2
	5	1			7		9	
		9				8	3	
	9		7		8			5
8			2		4		6	
	4	2				1		
	7		1			3	2	
5					6			9

Mild

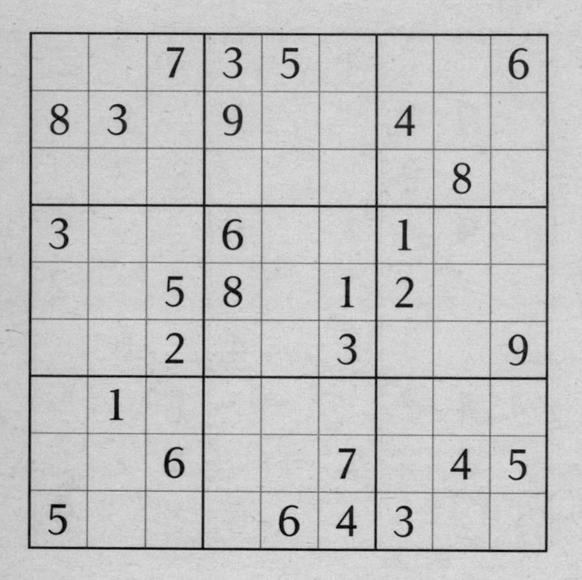

		7	3	5				6
8	3		9			4		
							8	
3			6			1		
		5	8		1	2		
		2			3			9
	1							
		6			7		4	5
5				6	4	3		

27

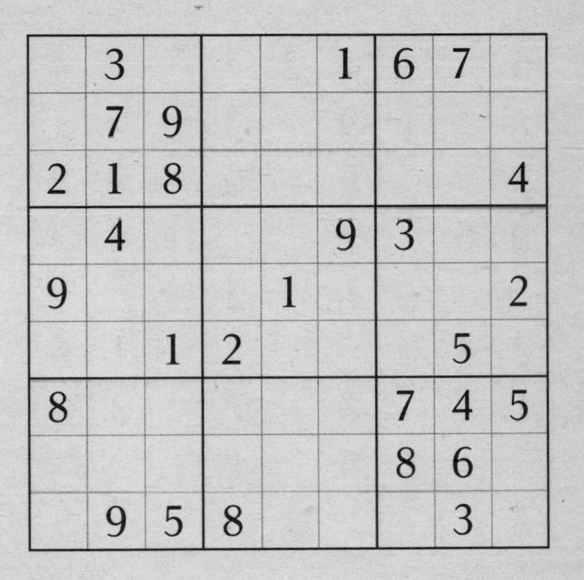

	3				1	6	7	
	7	9						
2	1	8						4
	4				9	3		
9				1				2
		1	2				5	
8						7	4	5
						8	6	
	9	5	8				3	

Mild

6				2				4
			9		3			
3	9		5		6		2	8
9	6						8	3
			1		2			
2	4						1	6
1	2		8		7		3	9
			6		1			
7				3				5

29

	2	6		8				
					4			
7	4			3	6		8	2
3		8						
		1	7		3	4		
						2		5
1	3		6	2			5	9
			3					
				4		8	6	

5		6		4		7		9
			6		3			
9								4
1		2	3		7	9		6
		8				4		
3		5	8		4	2		1
6								7
			9		6			
4		9		2		5		8

1		9			4	6		8
					8		1	
6				2		5		3
8		2			3			
		5				3		
			8			1		9
5		8		9				4
	9		6					
3		1	4			7		5

Mild

	3						1	
5		7	2		1	8		9
		9				4		
		5	9		8	3		
4								7
		3	1		5	2		
		8				6		
1		2	3		7	5		4
	9						8	

							4	3
	9	2			4			
	4			6		8	2	7
1					2		5	
	5		3		9		7	
	7		8					2
3	2	7		9			8	
			4			7	6	
4	1							

Mild

5			8		4			2
	6						3	
		3	9		6	7		
8			7		2			1
3			4		5			6
		2	3		7	9		
	5						1	
1			6		9			8

35

9		2	8		7	6		1
	5		2		3		4	
8				1				7
	6						5	
			6		4			
	9						1	
6				8				4
	7		3		6		8	
3		8	7		5	9		2

Mild

Alpha Doku Interlude
Mild

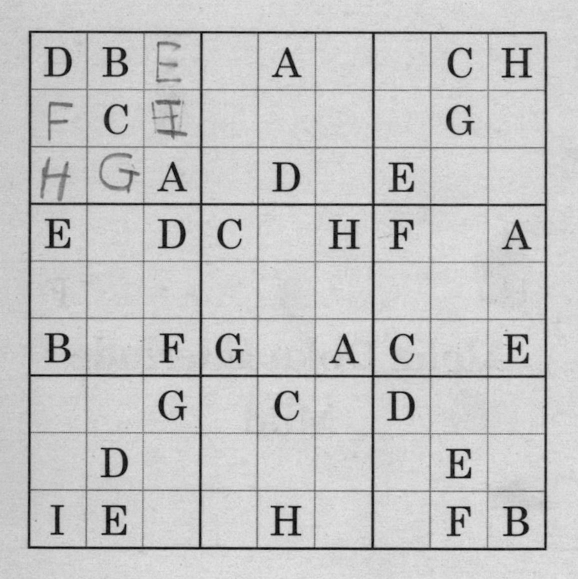

D	B			A			C	H
	C						G	
		A		D		E		
E		D	C		H	F		A
B		F	G		A	C		E
		G		C		D		
	D						E	
I	E			H			F	B

	C							B
	B	D	G		F	C		
				B		G		
D		G	E					
H			D		A			F
					I	B		D
		H		F				
		F	I		C	D	H	
C							A	

38

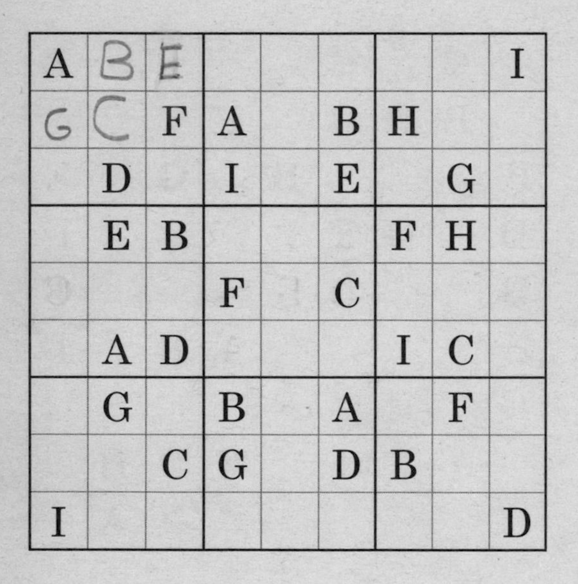

A								I
		F	A		B	H		
	D		I		E		G	
	E	B				F	H	
			F		C			
	A	D				I	C	
	G		B		A		F	
		C	G		D	B		
I								D

39

		F	H			I		
			A			F	C	
B						G		E
			G	I				F
G				B				C
H				F	A			
E		I						G
	A	D			G			
		B			C	D		

40

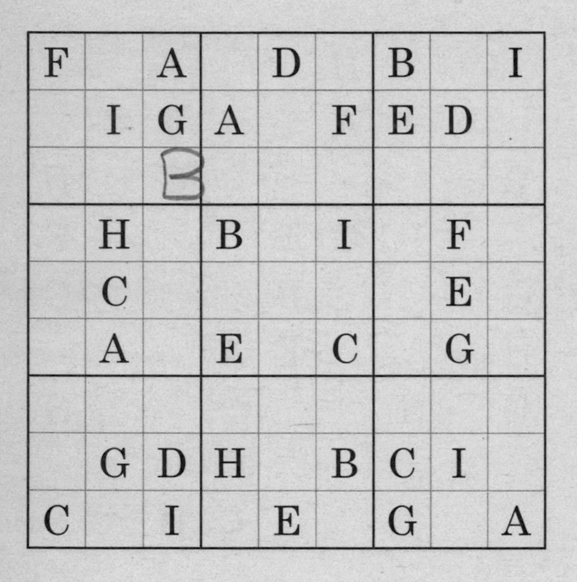

F		A		D		B		I
	I	G	A		F	E	D	
	H		B		I		F	
	C						E	
	A		E		C		G	
	G	D	H		B	C	I	
C		I		E		G		A

Difficult

					4			
5		2			6		7	
		6	8		1			4
3				4		7	5	
	8	9		6				2
4			6		7	1		
	7		2			6		3
			4					

			7		4			
		3				2		
	6	8				4	7	
1	2		8		3		4	7
9	8		5		1		6	2
	5	4				6	3	
		2				1		
			9		8			

43

	1		9	4				6
	6	9			3			
					8	9		
				6				5
8		7				2		1
5				8				
		2	8					
			7			4	3	
7				1	4		2	

44

7			6		8			5
		4				7		
	6	9				8	3	
			4	5	6			
	5						6	
			8	2	3			
	7	3				6	1	
		8				9		
2			9		7			3

	4			6			3	
6	5						9	8
		3				5		
		9		5		6		
	6		8		3		5	
		2		7		1		
		4				2		
1	2						4	6
	8			4			1	

				7			1	3
		9		3	1		6	
	7		8					
					3		7	2
				4				
6	2		7					
					8		3	
	8		5	1		9		
1	4			6				

Difficult

	1	9			5			2
					3			8
						4	9	
		2		7	1			4
			2		9			
6			8	5		3		
	9	3						
2			3					
5			9			6	4	

		5	6					2
	3					6		
			2	4		9		
	6		9				2	8
1								6
2	5				4		7	
		9		7	1			
		1					9	
4					5	7		

49

1							3	5
	2		7		5		1	
					9	7		
				2		1	7	
		6				8		
	2	5		6				
		3	1					
	5		6		3			
6	8							1

	1						8	
			7		2			
5				9				4
3		7				1		2
		8	3		6	4		
6		5				8		9
7				3				6
			1		8			
	3						4	

Difficult

9				3				
	7				8	9		
		2		5				1
				7	5		4	2
	3						1	
7	4		3	1				
3				4		2		
		6	1				7	
				8				4

						8	7	
		8	2					1
9			8	7				
	4			6		5	3	
	7	6		3			8	
				8	4			2
5					2	9		
	1	3						

Difficult

53

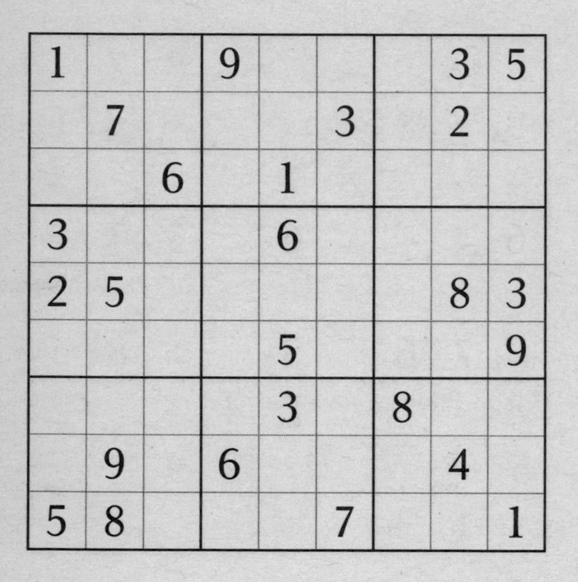

1			9				3	5
	7				3		2	
		6		1				
3				6				
2	5						8	3
				5				9
				3		8		
	9		6				4	
5	8				7			1

54

	6							
9	7		8			6	2	
		1			3			5
6		4		1		2		
		5		7		8		1
3			7			4		
	5	6			8		1	7
							6	

Difficult

55

			2				9	
	1	6			8	4		
7					3	6		
6	4			7		8		
		7		6			3	5
		8	4					9
		4	1			2	5	
	7				2			

1			2		3			9
		6				2		
		3	7		8	4		
6								3
	3	9				1	7	
4								5
		4	8		2	7		
		1				9		
2			4		9			8

Difficult

57

		9		3		1		
7	5						4	9
	1						7	
8			2	6	1			7
4			5	9	7			3
	8						5	
2	6						1	8
		7		8		6		

2	9						1	7
			7		3			
	7						6	
6				5				3
9	3			8			4	6
4				6				2
	5						8	
			6		5			
3	4						2	1

59

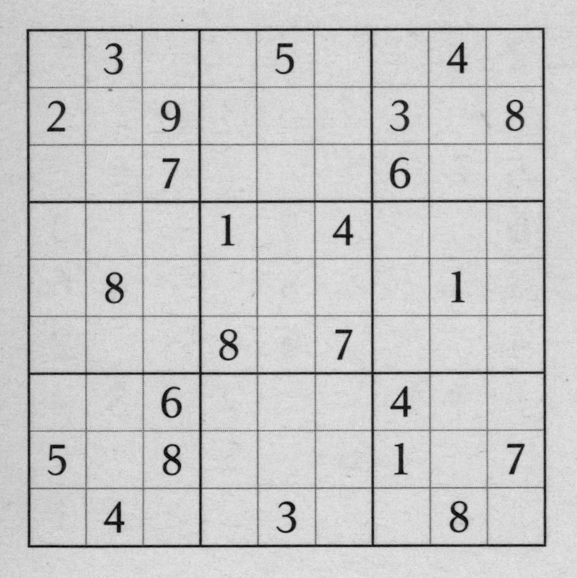

	3			5			4	
2		9				3		8
		7				6		
			1		4			
	8						1	
			8		7			
		6				4		
5		8				1		7
	4			3			8	

		4		9			5	
		9		3				
5			8					6
1				2	5	6		
		2				7		
		5	3	4				9
8					2			4
				7		5		
	5			6		3		

61

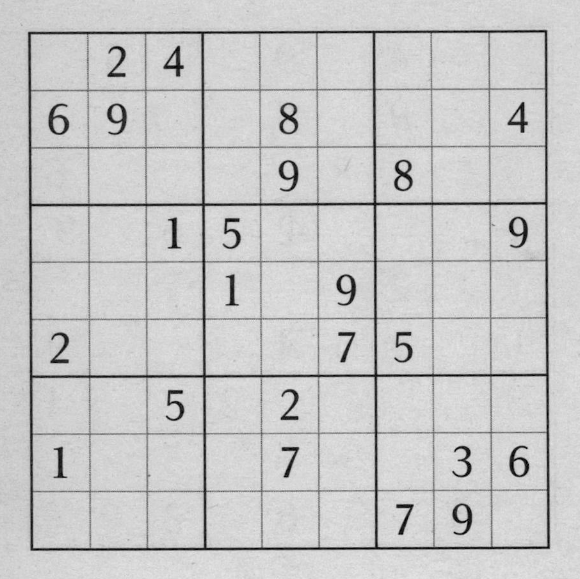

	2	4						
6	9			8				4
				9		8		
		1	5					9
			1		9			
2					7	5		
		5		2				
1				7			3	6
						7	9	

					2	6		
	3				4			
	9				8			5
	5			4			2	9
	7		9		3		6	
9	8			5			7	
7			4				1	
			6				8	
		1	3					

Difficult

63

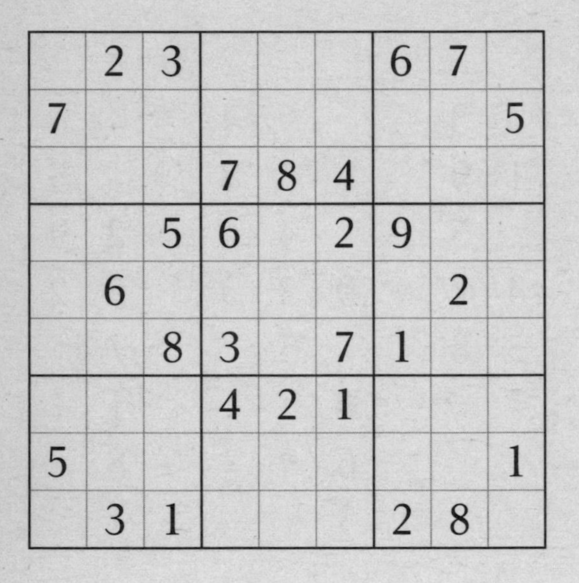

	2	3				6	7	
7								5
			7	8	4			
		5	6		2	9		
	6						2	
		8	3		7	1		
			4	2	1			
5								1
	3	1				2	8	

	6							
		3		9	4			
1					2	5		
		7					8	
4		5		3		1		2
	3					6		
		2	8					1
			6	4		9		
							7	

65

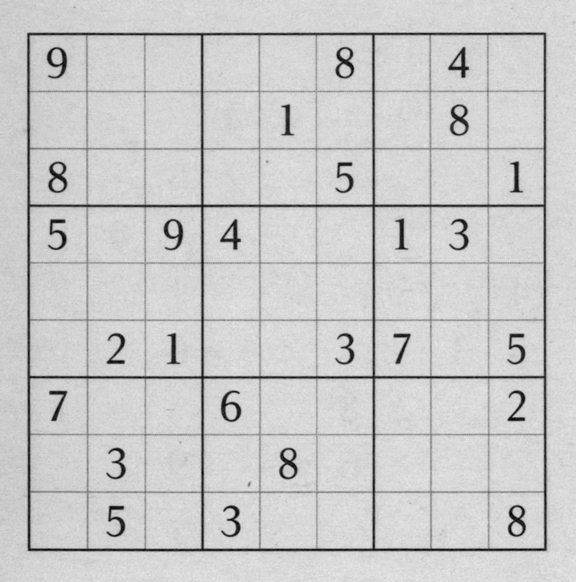

9					8		4	
				1			8	
8					5			1
5		9	4			1	3	
	2	1			3	7		5
7			6					2
	3			8				
	5		3					8

							2	5
		8			9			
			5		3		1	
6				5			7	8
	8						6	
5	2			4				9
	3		7		4			
			1			4		
7	9							

Difficult

67

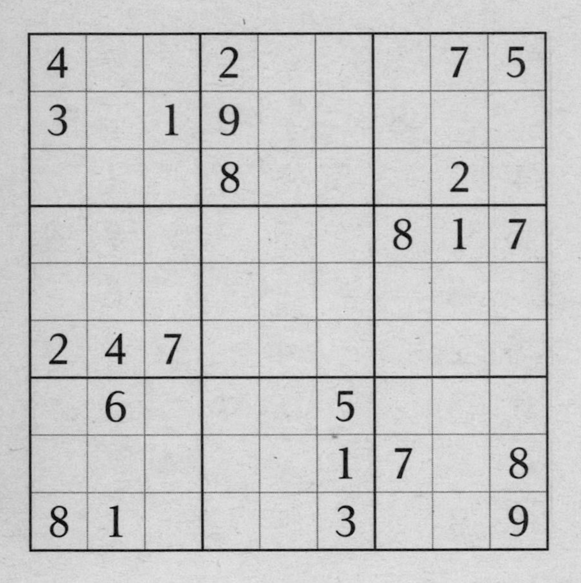

4			2				7	5
3		1	9					
			8				2	
						8	1	7
2	4	7						
	6				5			
					1	7		8
8	1				3			9

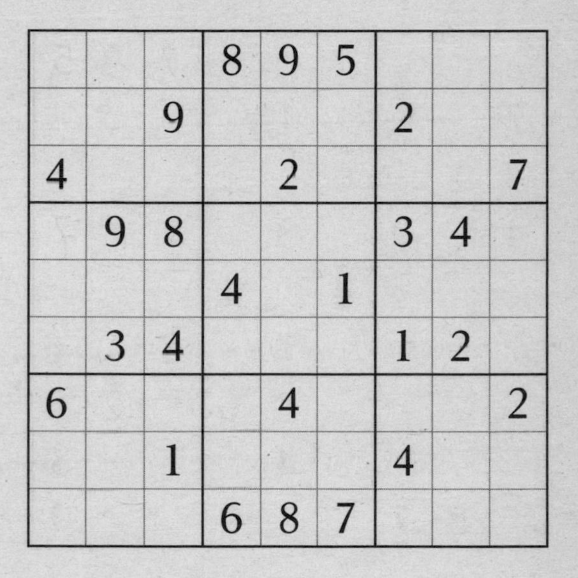

			8	9	5			
		9				2		
4				2				7
	9	8				3	4	
			4		1			
	3	4				1	2	
6				4				2
		1				4		
			6	8	7			

Difficult

			2			7	9	
7				1				
3	1		6					
4		9		3				
			4		1			
				7		8		6
					6		2	5
				4				9
	5	7			9			

70

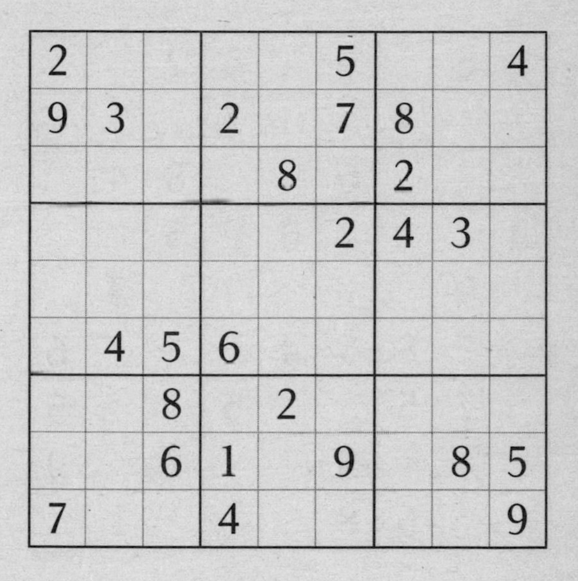

2					5			4
9	3		2		7	8		
				8		2		
					2	4	3	
	4	5	6					
		8		2				
		6	1		9		8	5
7			4					9

Difficult

	6				5	2		
		1			7			
			6			8	4	
3				6	9	5		
	9						3	
		8	5	4				2
	7	5			6			
			9			7		
		6	8				1	

72

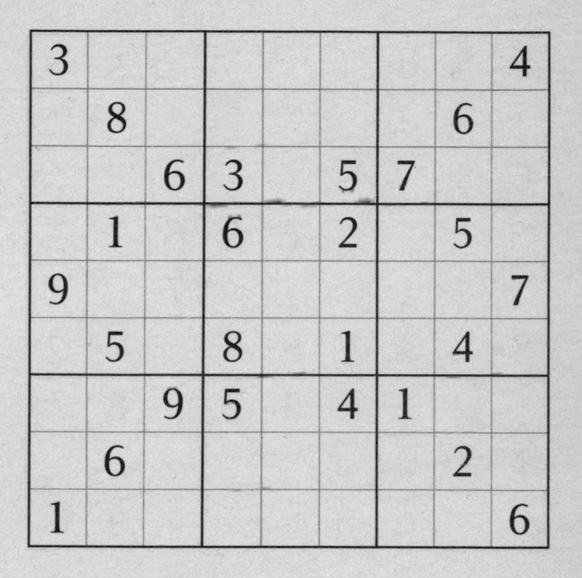

3								4
	8						6	
		6	3		5	7		
	1		6		2		5	
9								7
	5		8		1		4	
		9	5		4	1		
	6						2	
1								6

Difficult

73

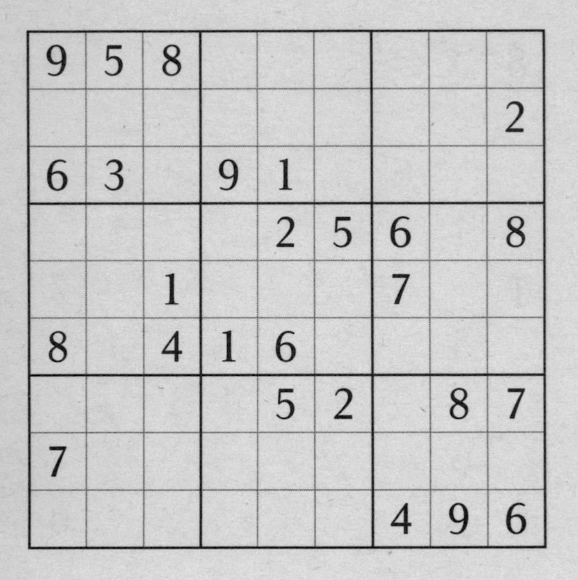

9	5	8						
								2
6	3		9	1				
				2	5	6		8
		1				7		
8		4	1	6				
				5	2		8	7
7								
						4	9	6

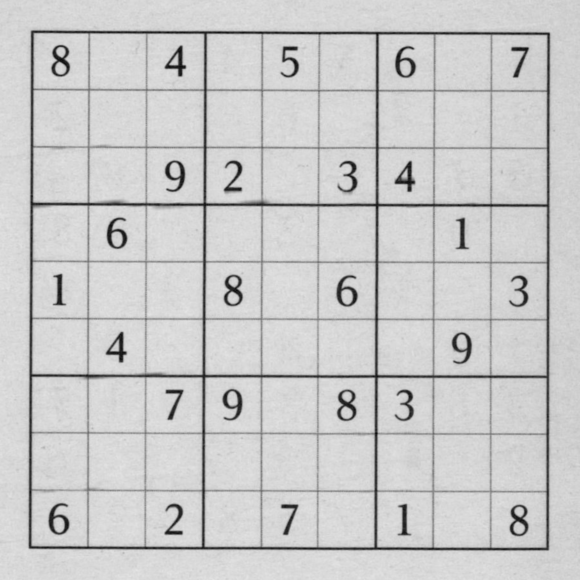

8		4		5		6		7
		9	2		3	4		
	6						1	
1			8		6			3
	4						9	
		7	9		8	3		
6		2		7		1		8

Difficult

75

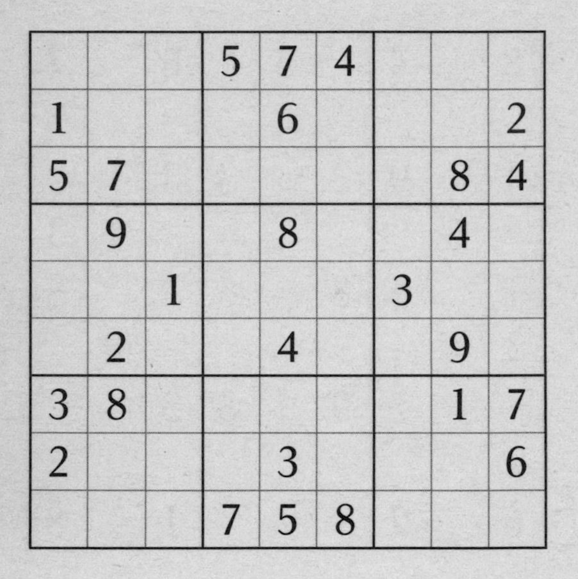

			5	7	4			
1				6				2
5	7						8	4
	9			8			4	
		1				3		
	2			4			9	
3	8						1	7
2				3				6
			7	5	8			

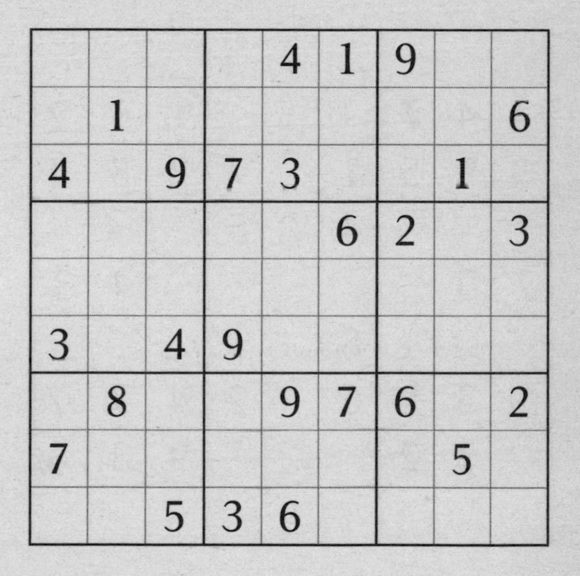

				4	1	9		
	1							6
4		9	7	3			1	
					6	2		3
3		4	9					
	8			9	7	6		2
7							5	
		5	3	6				

Difficult

77

	4	7				1	5	
	9	5	1		7	2	8	
			4		5			
7	5						4	3
			8		1			
	3	8	6		2	4	7	
	7	2				9	3	

			4			7		8
1		3	5	8		2		
9			3					
							9	7
	5						4	
3	1							
					8			3
		8		6	5	9		2
2		5			9			

	1	4				8	3	
		8				7		
9			1		7			4
			8		4			
6				7				3
			9		2			
5			6		8			9
		6				5		
	8	2				3	1	

						8		
		1			2	6		9
	8		4					
9		2			5	1		7
3								6
6		8	7			4		2
					9		7	
8		7	5			2		
		6						

Difficult

Fiendish

	2			6			7	
4					5			1
		5			3	8		
	7	2						
8				1				2
						4	9	
		9	4			6		
3			1					8
	5			8			4	

82

	2	3		9		6	4	
	1		7		8		2	
		9				4		
	8		4		5		9	
		5				8		
	6		8		2		5	
	4	1		6		2	3	

Fiendish

83

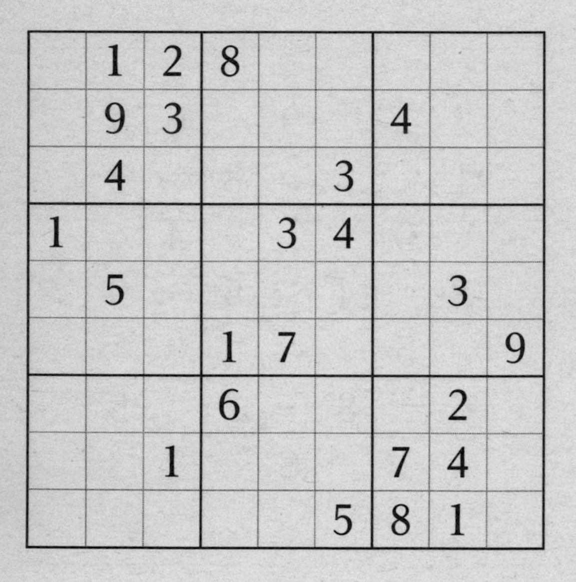

	1	2	8					
	9	3				4		
	4				3			
1				3	4			
	5						3	
			1	7				9
			6				2	
		1				7	4	
					5	8	1	

				4	8	9		
		4	2				1	
			3				8	
9						6	4	
		5				7		
	3	8						2
	6				1			
	2				5	3		
		9	8	2				

85

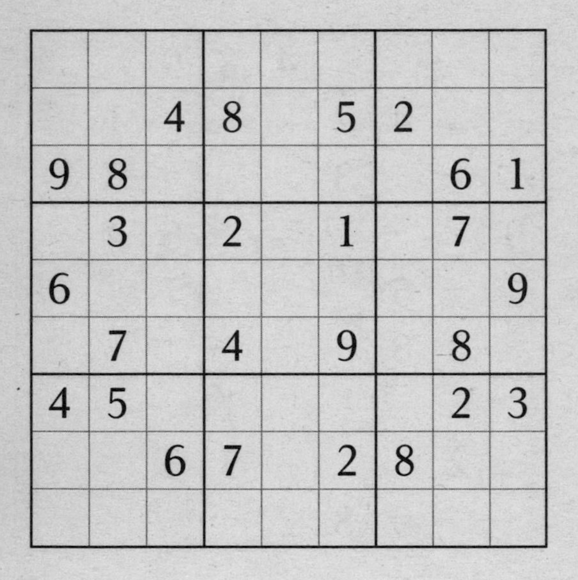

		4	8		5	2		
9	8						6	1
	3		2		1		7	
6								9
	7		4		9		8	
4	5						2	3
		6	7		2	8		

8	5	9						3
			7			8		1
	6		4			7		
5				3				9
		8			5		1	
9		3			4			
1						3	6	7

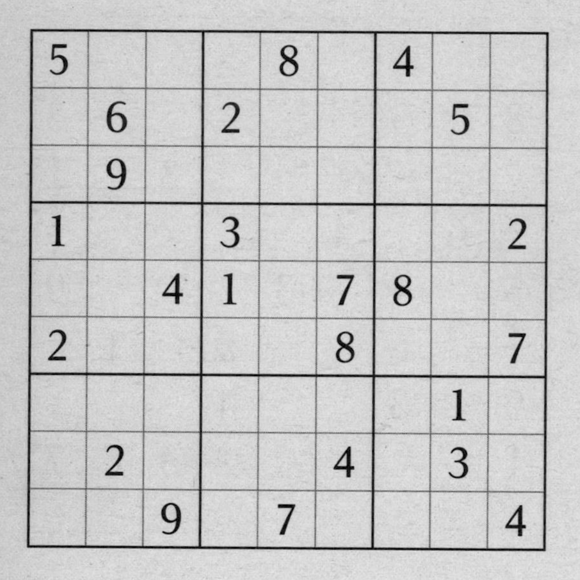

5				8		4		
	6		2				5	
	9							
1			3					2
		4	1		7	8		
2					8			7
							1	
	2				4		3	
		9		7				4

	7	9				2		
			2		1			
				3			5	
6		4			7			1
		1				6		
3			4			7		2
	5			4				
			3		9			
		6				4	9	

89

			5		3			
9								8
	5	1				2	6	
		6		2		9		
			7	3	6			
		3		9		4		
	2	9				3	1	
5								2
			9		2			

8					6	1		
3						7		
9			7		5			
		2		7			8	4
4	7			9		5		
			5		2			6
		1						8
		4	1					7

Fiendish

91

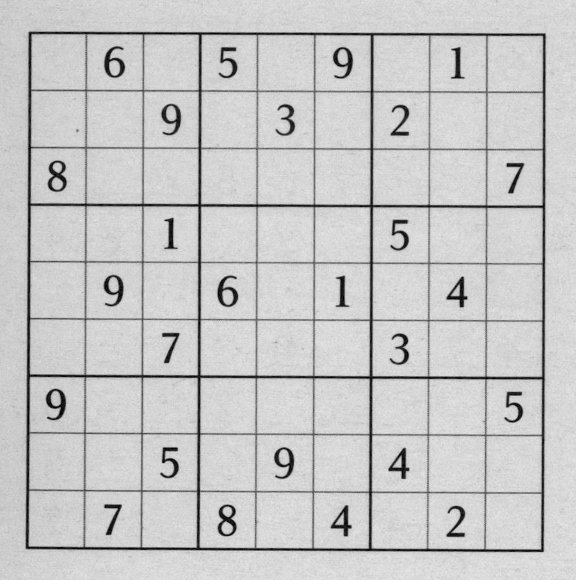

	6		5		9		1	
		9		3		2		
8								7
		1				5		
	9		6		1		4	
		7				3		
9								5
		5		9		4		
	7		8		4		2	

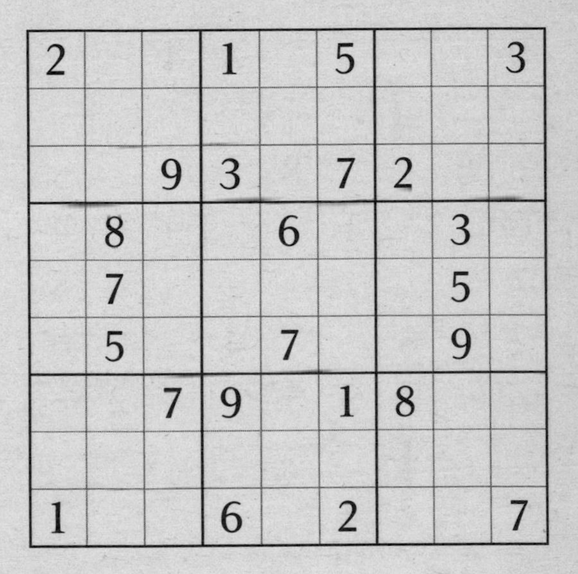

2			1		5			3
		9	3		7	2		
	8			6			3	
	7						5	
	5			7			9	
		7	9		1	8		
1			6		2			7

Fiendish

9					3	4		
						7		
	5			8	1			
6			1			9		4
7								8
2		8			4			6
			3	5			2	
		1						
		2	4					7

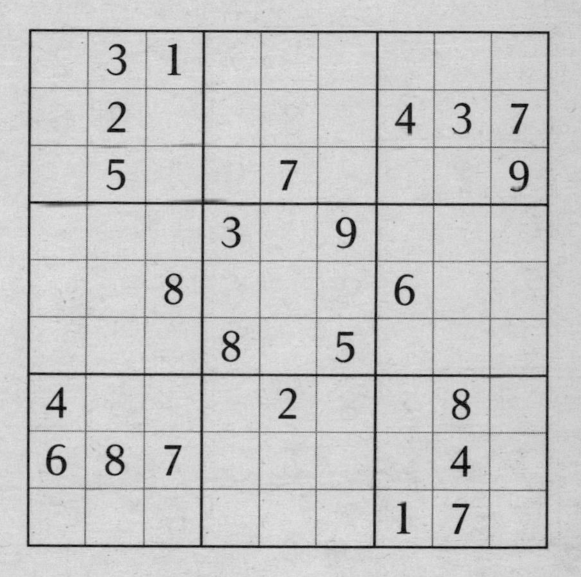

	3	1						
	2					4	3	7
	5			7				9
			3		9			
		8				6		
			8		5			
4				2			8	
6	8	7					4	
						1	7	

		7						2
		1		8			9	6
	2				9	3		
					4			
		5	9		6	1		
			3					
		2	8				5	
1	4			5		7		
7						6		

96

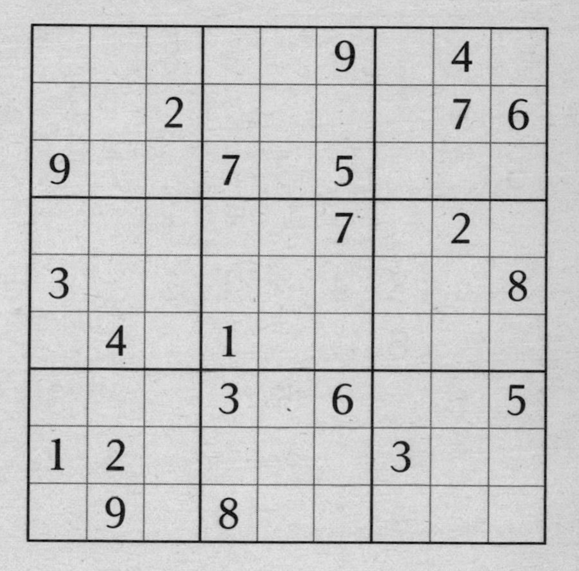

					9		4	
		2					7	6
9			7		5			
					7		2	
3								8
	4		1					
			3		6			5
1	2					3		
	9		8					

Fiendish

			9			8		
4	9							
5				3			7	
			2			1		
		8	4		1	2		
		6			7			
	6			5				3
							4	2
		4			8			

	4			9		7		5
		3					1	
	1							
6					4			1
		7	6		2	8		
2			5					3
							2	
	5					9		
3		9		7			8	

99

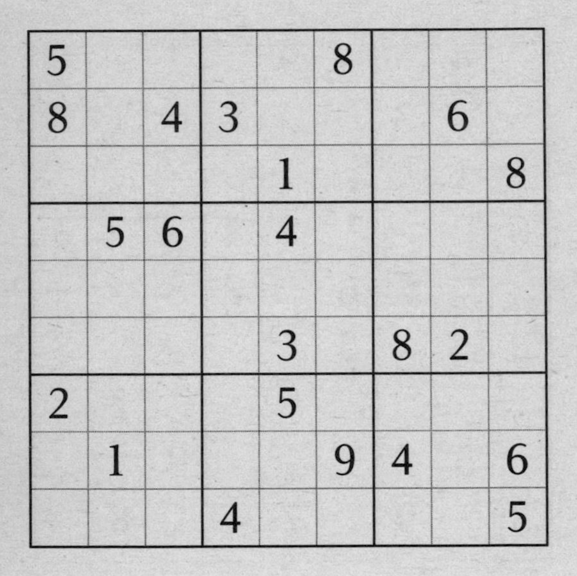

5					8			
8		4	3				6	
				1				8
	5	6		4				
				3		8	2	
2				5				
	1				9	4		6
			4					5

100

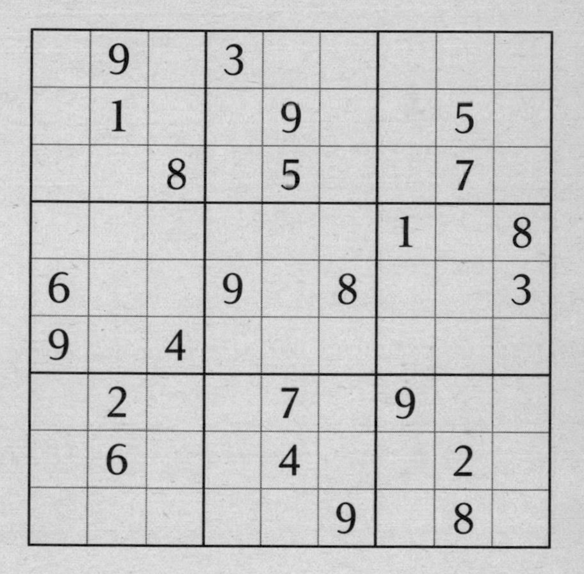

	9		3					
	1			9			5	
		8		5			7	
						1		8
6			9		8			3
9		4						
	2			7		9		
	6			4			2	
					9		8	

Fiendish

Solutions

1

7	5	9	4	8	1	3	6	2
8	1	6	2	9	3	5	7	4
4	3	2	6	7	5	8	9	1
1	4	7	5	3	6	9	2	8
5	2	3	9	4	8	7	1	6
6	9	8	1	2	7	4	3	5
3	7	5	8	1	2	6	4	9
9	6	1	3	5	4	2	8	7
2	8	4	7	6	9	1	5	3

2

2	9	3	8	6	4	7	1	5
1	6	7	2	5	3	4	9	8
8	4	5	1	7	9	6	2	3
3	1	2	7	4	5	8	6	9
7	8	6	9	1	2	5	3	4
9	5	4	6	3	8	1	7	2
5	7	9	4	2	6	3	8	1
6	3	8	5	9	1	2	4	7
4	2	1	3	8	7	9	5	6

3

7	9	6	8	5	4	2	1	3
8	4	3	7	2	1	6	5	9
1	2	5	6	3	9	8	4	7
5	1	8	4	9	3	7	6	2
3	6	9	5	7	2	1	8	4
4	7	2	1	6	8	9	3	5
6	5	4	9	8	7	3	2	1
9	3	1	2	4	6	5	7	8
2	8	7	3	1	5	4	9	6

4

4	6	5	7	8	9	3	1	2
8	2	7	4	1	3	9	5	6
1	9	3	6	2	5	8	4	7
6	4	1	9	7	2	5	3	8
5	8	9	3	6	4	7	2	1
7	3	2	8	5	1	4	6	9
3	7	4	1	9	6	2	8	5
9	5	6	2	3	8	1	7	4
2	1	8	5	4	7	6	9	3

5

5	8	1	4	6	2	7	3	9
7	2	6	5	3	9	1	4	8
4	3	9	8	1	7	5	2	6
3	7	8	2	5	4	9	6	1
1	5	2	7	9	6	3	8	4
9	6	4	3	8	1	2	7	5
6	4	7	9	2	5	8	1	3
2	9	3	1	4	8	6	5	7
8	1	5	6	7	3	4	9	2

6

9	8	2	6	1	4	5	7	3
5	3	1	2	9	7	4	6	8
7	6	4	5	8	3	9	2	1
4	7	9	3	5	2	1	8	6
3	2	5	1	6	8	7	9	4
8	1	6	7	4	9	2	3	5
1	4	8	9	2	6	3	5	7
6	9	7	4	3	5	8	1	2
2	5	3	8	7	1	6	4	9

7

2	5	6	8	9	7	4	1	3
7	8	3	6	4	1	5	2	9
1	9	4	5	3	2	8	6	7
9	6	7	2	8	3	1	5	4
3	2	8	1	5	4	9	7	6
4	1	5	9	7	6	3	8	2
8	3	2	4	6	5	7	9	1
5	4	1	7	2	9	6	3	8
6	7	9	3	1	8	2	4	5

8

5	3	6	1	2	8	7	4	9
7	9	4	5	3	6	2	1	8
8	1	2	7	4	9	3	6	5
2	5	3	6	1	4	9	8	7
6	4	9	2	8	7	1	5	3
1	7	8	3	9	5	6	2	4
9	2	1	8	5	3	4	7	6
3	8	7	4	6	1	5	9	2
4	6	5	9	7	2	8	3	1

9

5	6	9	3	1	7	2	4	8
8	1	4	2	9	6	3	5	7
3	7	2	5	8	4	1	9	6
6	2	1	9	4	5	8	7	3
7	8	5	1	3	2	9	6	4
9	4	3	6	7	8	5	1	2
2	3	7	4	5	9	6	8	1
4	9	6	8	2	1	7	3	5
1	5	8	7	6	3	4	2	9

10

4	9	6	3	1	5	7	8	2
5	2	7	4	6	8	9	1	3
8	3	1	7	9	2	5	6	4
3	8	2	1	7	6	4	9	5
1	7	9	2	5	4	6	3	8
6	4	5	9	8	3	2	7	1
9	5	4	6	3	1	8	2	7
7	1	8	5	2	9	3	4	6
2	6	3	8	4	7	1	5	9

11

8	7	3	5	2	9	1	6	4
6	9	1	3	7	4	5	8	2
5	2	4	1	8	6	9	7	3
4	5	7	9	6	1	3	2	8
1	3	8	7	5	2	4	9	6
2	6	9	8	4	3	7	5	1
3	4	2	6	9	5	8	1	7
9	8	6	4	1	7	2	3	5
7	1	5	2	3	8	6	4	9

12

6	3	1	4	5	8	7	2	9
9	8	4	2	6	7	3	5	1
5	7	2	1	3	9	6	4	8
2	9	8	5	1	3	4	6	7
4	1	6	8	7	2	9	3	5
3	5	7	6	9	4	8	1	2
1	2	3	7	8	6	5	9	4
7	4	9	3	2	5	1	8	6
8	6	5	9	4	1	2	7	3

13

5	2	8	1	3	9	6	7	4
4	7	3	2	8	6	5	9	1
9	6	1	4	5	7	3	8	2
6	4	5	9	2	1	8	3	7
2	8	9	7	6	3	1	4	5
1	3	7	8	4	5	9	2	6
7	5	6	3	9	2	4	1	8
8	9	2	6	1	4	7	5	3
3	1	4	5	7	8	2	6	9

14

9	5	2	1	7	3	4	8	6
1	6	4	9	2	8	3	7	5
7	8	3	4	6	5	1	9	2
3	7	9	6	8	1	5	2	4
8	2	5	7	3	4	6	1	9
4	1	6	5	9	2	8	3	7
2	3	7	8	5	6	9	4	1
6	4	8	2	1	9	7	5	3
5	9	1	3	4	7	2	6	8

15

4	9	8	1	5	6	7	2	3
3	2	1	4	7	9	8	6	5
6	7	5	2	3	8	9	1	4
5	4	7	9	8	1	6	3	2
1	8	3	5	6	2	4	9	7
2	6	9	7	4	3	1	5	8
7	1	4	3	9	5	2	8	6
8	3	2	6	1	7	5	4	9
9	5	6	8	2	4	3	7	1

16

5	4	1	3	7	8	9	6	2
9	2	6	4	1	5	8	7	3
8	3	7	9	2	6	1	4	5
2	6	3	5	4	1	7	8	9
1	7	5	8	3	9	6	2	4
4	8	9	2	6	7	3	5	1
3	5	8	6	9	4	2	1	7
7	9	4	1	8	2	5	3	6
6	1	2	7	5	3	4	9	8

17

9	7	8	2	6	5	1	4	3
6	4	3	1	7	9	8	5	2
1	2	5	3	4	8	7	6	9
5	8	1	6	9	7	3	2	4
7	6	4	5	3	2	9	1	8
2	3	9	8	1	4	6	7	5
3	9	7	4	5	6	2	8	1
8	5	6	9	2	1	4	3	7
4	1	2	7	8	3	5	9	6

18

4	2	1	3	5	6	8	9	7
3	6	7	8	4	9	1	2	5
9	5	8	1	2	7	6	4	3
8	7	6	5	9	2	4	3	1
5	3	9	4	7	1	2	8	6
1	4	2	6	8	3	7	5	9
7	9	4	2	1	5	3	6	8
6	8	5	7	3	4	9	1	2
2	1	3	9	6	8	5	7	4

19

6	7	9	1	5	8	4	3	2
5	2	3	7	4	9	8	1	6
1	4	8	2	6	3	5	9	7
9	6	2	3	8	4	1	7	5
7	8	4	9	1	5	2	6	3
3	1	5	6	2	7	9	8	4
8	9	7	4	3	2	6	5	1
2	3	6	5	9	1	7	4	8
4	5	1	8	7	6	3	2	9

20

5	3	7	4	2	9	8	6	1
6	2	4	3	1	8	9	7	5
8	1	9	6	7	5	3	2	4
2	7	8	5	6	3	1	4	9
9	6	1	2	8	4	5	3	7
4	5	3	1	9	7	2	8	6
7	4	2	8	5	1	6	9	3
3	8	5	9	4	6	7	1	2
1	9	6	7	3	2	4	5	8

21

9	3	5	1	6	4	8	2	7
1	4	7	2	5	8	9	6	3
8	2	6	3	7	9	4	5	1
2	8	4	5	9	1	3	7	6
6	9	3	7	4	2	1	8	5
7	5	1	6	8	3	2	4	9
3	6	9	4	2	5	7	1	8
5	1	2	8	3	7	6	9	4
4	7	8	9	1	6	5	3	2

22

3	7	9	6	5	4	1	2	8
4	5	6	1	2	8	9	3	7
1	8	2	7	9	3	4	5	6
5	6	7	4	3	9	2	8	1
8	9	3	2	6	1	7	4	5
2	4	1	5	8	7	6	9	3
9	3	4	8	1	6	5	7	2
6	2	8	9	7	5	3	1	4
7	1	5	3	4	2	8	6	9

23

2	4	7	9	6	1	3	8	5
5	3	9	2	4	8	6	7	1
6	8	1	7	5	3	2	4	9
8	5	2	3	1	9	4	6	7
3	7	4	5	2	6	1	9	8
9	1	6	4	8	7	5	2	3
4	2	3	8	9	5	7	1	6
1	9	5	6	7	2	8	3	4
7	6	8	1	3	4	9	5	2

24

5	7	4	6	9	1	8	3	2
6	1	2	5	8	3	4	9	7
8	9	3	7	2	4	1	6	5
3	2	5	8	6	7	9	4	1
4	8	9	2	1	5	3	7	6
7	6	1	3	4	9	2	5	8
1	5	8	9	3	6	7	2	4
9	4	6	1	7	2	5	8	3
2	3	7	4	5	8	6	1	9

25

3	8	7	4	6	9	5	1	2
2	5	1	3	8	7	6	9	4
4	6	9	5	1	2	8	3	7
1	9	6	7	3	8	2	4	5
7	2	4	6	5	1	9	8	3
8	3	5	2	9	4	7	6	1
6	4	2	9	7	3	1	5	8
9	7	8	1	4	5	3	2	6
5	1	3	8	2	6	4	7	9

26

2	4	7	3	5	8	9	1	6
8	3	1	9	7	6	4	5	2
6	5	9	4	1	2	7	8	3
3	9	4	6	2	5	1	7	8
7	6	5	8	9	1	2	3	4
1	8	2	7	4	3	5	6	9
4	1	3	5	8	9	6	2	7
9	2	6	1	3	7	8	4	5
5	7	8	2	6	4	3	9	1

27

5	3	4	9	2	1	6	7	8
6	7	9	4	5	8	1	2	3
2	1	8	6	3	7	5	9	4
7	4	2	5	8	9	3	1	6
9	5	6	7	1	3	4	8	2
3	8	1	2	6	4	9	5	7
8	6	3	1	9	2	7	4	5
1	2	7	3	4	5	8	6	9
4	9	5	8	7	6	2	3	1

28

6	1	5	7	2	8	3	9	4
8	7	2	9	4	3	6	5	1
3	9	4	5	1	6	7	2	8
9	6	1	4	7	5	2	8	3
5	3	8	1	6	2	9	4	7
2	4	7	3	8	9	5	1	6
1	2	6	8	5	7	4	3	9
4	5	3	6	9	1	8	7	2
7	8	9	2	3	4	1	6	5

29

9	2	6	5	8	7	3	4	1
8	1	3	2	9	4	5	7	6
7	4	5	1	3	6	9	8	2
3	9	8	4	5	2	6	1	7
2	5	1	7	6	3	4	9	8
4	6	7	8	1	9	2	3	5
1	3	4	6	2	8	7	5	9
6	8	9	3	7	5	1	2	4
5	7	2	9	4	1	8	6	3

30

5	8	6	1	4	2	7	3	9
2	7	4	6	9	3	8	1	5
9	1	3	5	7	8	6	2	4
1	4	2	3	5	7	9	8	6
7	6	8	2	1	9	4	5	3
3	9	5	8	6	4	2	7	1
6	2	1	4	8	5	3	9	7
8	5	7	9	3	6	1	4	2
4	3	9	7	2	1	5	6	8

31

1	2	9	5	3	4	6	7	8
4	5	3	7	6	8	9	1	2
6	8	7	1	2	9	5	4	3
8	1	2	9	7	3	4	5	6
9	4	5	2	1	6	3	8	7
7	3	6	8	4	5	1	2	9
5	7	8	3	9	1	2	6	4
2	9	4	6	5	7	8	3	1
3	6	1	4	8	2	7	9	5

32

2	3	6	8	9	4	7	1	5
5	4	7	2	6	1	8	3	9
8	1	9	7	5	3	4	2	6
6	2	5	9	7	8	3	4	1
4	8	1	6	3	2	9	5	7
9	7	3	1	4	5	2	6	8
3	5	8	4	1	9	6	7	2
1	6	2	3	8	7	5	9	4
7	9	4	5	2	6	1	8	3

33

7	6	1	2	5	8	9	4	3
8	9	2	7	3	4	6	1	5
5	4	3	9	6	1	8	2	7
1	3	9	6	7	2	4	5	8
2	5	8	3	4	9	1	7	6
6	7	4	8	1	5	3	9	2
3	2	7	1	9	6	5	8	4
9	8	5	4	2	3	7	6	1
4	1	6	5	8	7	2	3	9

34

5	9	7	8	3	4	1	6	2
2	6	8	5	7	1	4	3	9
4	1	3	9	2	6	7	8	5
8	4	5	7	6	2	3	9	1
9	2	6	1	8	3	5	4	7
3	7	1	4	9	5	8	2	6
6	8	2	3	1	7	9	5	4
7	5	9	2	4	8	6	1	3
1	3	4	6	5	9	2	7	8

35

9	4	2	8	5	7	6	3	1
1	5	7	2	6	3	8	4	9
8	3	6	4	1	9	5	2	7
7	6	3	1	9	2	4	5	8
5	8	1	6	7	4	2	9	3
2	9	4	5	3	8	7	1	6
6	2	5	9	8	1	3	7	4
4	7	9	3	2	6	1	8	5
3	1	8	7	4	5	9	6	2

36

D	B	E	F	A	G	I	C	H
F	C	H	B	E	I	A	G	D
G	I	A	H	D	C	E	B	F
E	G	D	C	B	H	F	I	A
C	A	I	D	F	E	B	H	G
B	H	F	G	I	A	C	D	E
H	F	G	E	C	B	D	A	I
A	D	B	I	G	F	H	E	C
I	E	C	A	H	D	G	F	B

37

G	C	E	H	I	D	A	F	B
I	B	D	G	A	F	C	E	H
F	H	A	C	B	E	G	D	I
D	F	G	E	C	B	H	I	A
H	I	B	D	G	A	E	C	F
A	E	C	F	H	I	B	G	D
E	D	H	A	F	G	I	B	C
B	A	F	I	E	C	D	H	G
C	G	I	B	D	H	F	A	E

38

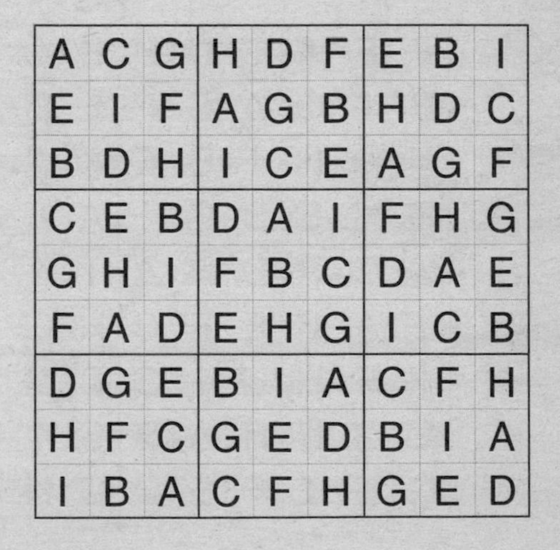

A	C	G	H	D	F	E	B	I
E	I	F	A	G	B	H	D	C
B	D	H	I	C	E	A	G	F
C	E	B	D	A	I	F	H	G
G	H	I	F	B	C	D	A	E
F	A	D	E	H	G	I	C	B
D	G	E	B	I	A	C	F	H
H	F	C	G	E	D	B	I	A
I	B	A	C	F	H	G	E	D

39

A	C	F	H	G	E	I	D	B
I	E	G	A	D	B	F	C	H
B	D	H	F	C	I	G	A	E
D	B	C	G	I	H	A	E	F
G	F	A	E	B	D	H	I	C
H	I	E	C	F	A	B	G	D
E	H	I	D	A	F	C	B	G
C	A	D	B	H	G	E	F	I
F	G	B	I	E	C	D	H	A

40

F	E	A	G	D	H	B	C	I
B	I	G	A	C	F	E	D	H
H	D	C	I	B	E	F	A	G
D	H	E	B	G	I	A	F	C
G	C	F	D	H	A	I	E	B
I	A	B	E	F	C	H	G	D
A	F	H	C	I	G	D	B	E
E	G	D	H	A	B	C	I	F
C	B	I	F	E	D	G	H	A

41

8	1	7	5	2	4	3	6	9
5	4	2	3	9	6	8	7	1
9	3	6	8	7	1	5	2	4
3	6	1	9	4	2	7	5	8
2	5	4	7	3	8	9	1	6
7	8	9	1	6	5	4	3	2
4	2	3	6	8	7	1	9	5
1	7	8	2	5	9	6	4	3
6	9	5	4	1	3	2	8	7

42

2	1	9	7	6	4	8	5	3
4	7	3	1	8	5	2	9	6
5	6	8	3	2	9	4	7	1
1	2	6	8	9	3	5	4	7
3	4	5	6	7	2	9	1	8
9	8	7	5	4	1	3	6	2
8	5	4	2	1	7	6	3	9
7	9	2	4	3	6	1	8	5
6	3	1	9	5	8	7	2	4

43

2	1	8	9	4	5	3	7	6
4	6	9	1	7	3	5	8	2
3	7	5	6	2	8	9	1	4
1	2	4	3	6	7	8	9	5
8	3	7	4	5	9	2	6	1
5	9	6	2	8	1	7	4	3
9	4	2	8	3	6	1	5	7
6	5	1	7	9	2	4	3	8
7	8	3	5	1	4	6	2	9

44

7	3	1	6	9	8	2	4	5
8	2	4	3	1	5	7	9	6
5	6	9	7	4	2	8	3	1
3	8	7	4	5	6	1	2	9
4	5	2	1	7	9	3	6	8
1	9	6	8	2	3	5	7	4
9	7	3	5	8	4	6	1	2
6	4	8	2	3	1	9	5	7
2	1	5	9	6	7	4	8	3

45

2	4	8	5	6	9	7	3	1
6	5	7	1	3	2	4	9	8
9	1	3	7	8	4	5	6	2
8	7	9	4	5	1	6	2	3
4	6	1	8	2	3	9	5	7
5	3	2	9	7	6	1	8	4
3	9	4	6	1	8	2	7	5
1	2	5	3	9	7	8	4	6
7	8	6	2	4	5	3	1	9

46

8	6	2	9	7	4	5	1	3
4	5	9	2	3	1	7	6	8
3	7	1	8	5	6	2	9	4
9	1	5	6	8	3	4	7	2
7	3	8	1	4	2	6	5	9
6	2	4	7	9	5	3	8	1
5	9	6	4	2	8	1	3	7
2	8	3	5	1	7	9	4	6
1	4	7	3	6	9	8	2	5

47

8	1	9	4	6	5	7	3	2
7	2	4	1	9	3	5	6	8
3	6	5	7	2	8	4	9	1
9	3	2	6	7	1	8	5	4
4	5	8	2	3	9	1	7	6
6	7	1	8	5	4	3	2	9
1	9	3	5	4	6	2	8	7
2	4	6	3	8	7	9	1	5
5	8	7	9	1	2	6	4	3

48

9	4	5	6	3	7	8	1	2
8	3	2	5	1	9	6	4	7
6	1	7	2	4	8	9	3	5
7	6	4	9	5	3	1	2	8
1	9	3	7	8	2	4	5	6
2	5	8	1	6	4	3	7	9
5	8	9	4	7	1	2	6	3
3	7	1	8	2	6	5	9	4
4	2	6	3	9	5	7	8	1

49

1	7	9	2	8	6	4	3	5
8	3	2	7	4	5	6	1	9
5	6	4	3	1	9	7	2	8
3	9	8	5	2	4	1	7	6
4	1	6	9	3	7	8	5	2
7	2	5	8	6	1	9	4	3
2	4	3	1	9	8	5	6	7
9	5	1	6	7	3	2	8	4
6	8	7	4	5	2	3	9	1

50

2	1	4	6	5	3	9	8	7
8	6	9	7	4	2	3	5	1
5	7	3	8	9	1	6	2	4
3	4	7	5	8	9	1	6	2
1	9	8	3	2	6	4	7	5
6	2	5	4	1	7	8	3	9
7	8	2	9	3	4	5	1	6
4	5	6	1	7	8	2	9	3
9	3	1	2	6	5	7	4	8

51

9	5	4	2	3	1	7	8	6
1	7	3	4	6	8	9	2	5
8	6	2	9	5	7	4	3	1
6	9	1	8	7	5	3	4	2
2	3	5	6	9	4	8	1	7
7	4	8	3	1	2	6	5	9
3	1	7	5	4	6	2	9	8
4	8	6	1	2	9	5	7	3
5	2	9	7	8	3	1	6	4

52

4	2	1	6	9	3	8	7	5
7	6	8	2	4	5	3	9	1
9	3	5	8	7	1	4	2	6
8	4	2	1	6	7	5	3	9
3	5	9	4	2	8	6	1	7
1	7	6	5	3	9	2	8	4
6	9	7	3	8	4	1	5	2
5	8	4	7	1	2	9	6	3
2	1	3	9	5	6	7	4	8

53

1	2	8	9	7	6	4	3	5
9	7	5	8	4	3	1	2	6
4	3	6	5	1	2	7	9	8
3	1	9	2	6	8	5	7	4
2	5	4	7	9	1	6	8	3
8	6	7	3	5	4	2	1	9
6	4	2	1	3	9	8	5	7
7	9	1	6	8	5	3	4	2
5	8	3	4	2	7	9	6	1

54

5	6	2	9	4	7	1	3	8
9	7	3	8	5	1	6	2	4
8	4	1	6	2	3	7	9	5
6	8	4	5	1	9	2	7	3
1	3	7	4	8	2	9	5	6
2	9	5	3	7	6	8	4	1
3	1	9	7	6	5	4	8	2
4	5	6	2	9	8	3	1	7
7	2	8	1	3	4	5	6	9

55

4	8	3	2	1	6	5	9	7
9	1	6	7	5	8	4	2	3
7	5	2	9	4	3	6	8	1
6	4	5	3	7	9	8	1	2
8	3	9	5	2	1	7	6	4
1	2	7	8	6	4	9	3	5
2	6	8	4	3	5	1	7	9
3	9	4	1	8	7	2	5	6
5	7	1	6	9	2	3	4	8

56

1	4	7	2	6	3	5	8	9
8	5	6	9	4	1	2	3	7
9	2	3	7	5	8	4	6	1
6	7	2	1	9	5	8	4	3
5	3	9	6	8	4	1	7	2
4	1	8	3	2	7	6	9	5
3	9	4	8	1	2	7	5	6
7	8	1	5	3	6	9	2	4
2	6	5	4	7	9	3	1	8

57

6	4	9	7	3	2	1	8	5
7	5	2	6	1	8	3	4	9
3	1	8	4	5	9	2	7	6
8	3	5	2	6	1	4	9	7
9	7	6	8	4	3	5	2	1
4	2	1	5	9	7	8	6	3
1	8	3	9	2	6	7	5	4
2	6	4	3	7	5	9	1	8
5	9	7	1	8	4	6	3	2

58

2	9	8	5	4	6	3	1	7
5	6	4	7	1	3	2	9	8
1	7	3	8	9	2	4	6	5
6	2	1	4	5	9	8	7	3
9	3	5	2	8	7	1	4	6
4	8	7	3	6	1	9	5	2
7	5	2	1	3	4	6	8	9
8	1	9	6	2	5	7	3	4
3	4	6	9	7	8	5	2	1

59

8	3	1	6	5	9	7	4	2
2	6	9	4	7	1	3	5	8
4	5	7	3	8	2	6	9	1
6	2	5	1	9	4	8	7	3
7	8	4	5	6	3	2	1	9
9	1	3	8	2	7	5	6	4
3	7	6	9	1	8	4	2	5
5	9	8	2	4	6	1	3	7
1	4	2	7	3	5	9	8	6

60

3	1	4	2	9	6	8	5	7
6	8	9	5	3	7	4	2	1
5	2	7	8	1	4	9	3	6
1	9	8	7	2	5	6	4	3
4	3	2	6	8	9	7	1	5
7	6	5	3	4	1	2	8	9
8	7	3	9	5	2	1	6	4
2	4	6	1	7	3	5	9	8
9	5	1	4	6	8	3	7	2

61

8	2	4	7	5	1	9	6	3
6	9	7	2	8	3	1	5	4
5	1	3	6	9	4	8	2	7
4	8	1	5	3	2	6	7	9
7	5	6	1	4	9	3	8	2
2	3	9	8	6	7	5	4	1
9	7	5	3	2	6	4	1	8
1	4	8	9	7	5	2	3	6
3	6	2	4	1	8	7	9	5

62

4	1	8	5	9	2	6	3	7
5	3	7	1	6	4	8	9	2
6	9	2	7	3	8	1	4	5
1	5	6	8	4	7	3	2	9
2	7	4	9	1	3	5	6	8
9	8	3	2	5	6	4	7	1
7	6	9	4	8	5	2	1	3
3	2	5	6	7	1	9	8	4
8	4	1	3	2	9	7	5	6

63

8	2	3	1	5	9	6	7	4
7	1	4	2	3	6	8	9	5
9	5	6	7	8	4	3	1	2
3	7	5	6	1	2	9	4	8
1	6	9	5	4	8	7	2	3
2	4	8	3	9	7	1	5	6
6	8	7	4	2	1	5	3	9
5	9	2	8	7	3	4	6	1
4	3	1	9	6	5	2	8	7

64

5	6	4	1	7	8	2	3	9
8	2	3	5	9	4	7	1	6
1	7	9	3	6	2	5	4	8
6	9	7	2	1	5	4	8	3
4	8	5	7	3	6	1	9	2
2	3	1	4	8	9	6	5	7
9	4	2	8	5	7	3	6	1
7	1	8	6	4	3	9	2	5
3	5	6	9	2	1	8	7	4

65

9	1	6	2	3	8	5	4	7
2	4	5	7	1	6	9	8	3
8	7	3	9	4	5	2	6	1
5	8	9	4	7	2	1	3	6
3	6	7	5	9	1	8	2	4
4	2	1	8	6	3	7	9	5
7	9	8	6	5	4	3	1	2
6	3	2	1	8	7	4	5	9
1	5	4	3	2	9	6	7	8

66

3	1	6	4	8	7	9	2	5
2	5	8	6	1	9	7	4	3
4	7	9	5	2	3	8	1	6
6	4	3	9	5	1	2	7	8
9	8	1	3	7	2	5	6	4
5	2	7	8	4	6	1	3	9
1	3	5	7	9	4	6	8	2
8	6	2	1	3	5	4	9	7
7	9	4	2	6	8	3	5	1

67

4	9	8	2	1	6	3	7	5
3	2	1	9	5	7	4	8	6
6	7	5	8	3	4	9	2	1
9	5	6	3	4	2	8	1	7
1	8	3	5	7	9	2	6	4
2	4	7	1	6	8	5	9	3
7	6	9	4	8	5	1	3	2
5	3	2	6	9	1	7	4	8
8	1	4	7	2	3	6	5	9

68

3	2	7	8	9	5	6	1	4
8	6	9	7	1	4	2	5	3
4	1	5	3	2	6	8	9	7
1	9	8	5	7	2	3	4	6
2	5	6	4	3	1	7	8	9
7	3	4	9	6	8	1	2	5
6	8	3	1	4	9	5	7	2
9	7	1	2	5	3	4	6	8
5	4	2	6	8	7	9	3	1

69

6	8	4	2	5	3	7	9	1
7	9	5	8	1	4	6	3	2
3	1	2	6	9	7	5	8	4
4	6	9	5	3	8	2	1	7
2	7	8	4	6	1	9	5	3
5	3	1	9	7	2	8	4	6
9	4	3	7	8	6	1	2	5
8	2	6	1	4	5	3	7	9
1	5	7	3	2	9	4	6	8

70

2	8	7	9	6	5	3	1	4
9	3	1	2	4	7	8	5	6
6	5	4	3	8	1	2	9	7
1	6	9	5	7	2	4	3	8
3	7	2	8	9	4	5	6	1
8	4	5	6	1	3	9	7	2
5	9	8	7	2	6	1	4	3
4	2	6	1	3	9	7	8	5
7	1	3	4	5	8	6	2	9

71

7	6	3	4	8	5	2	9	1
4	8	1	2	9	7	6	5	3
2	5	9	6	3	1	8	4	7
3	2	7	1	6	9	5	8	4
5	9	4	7	2	8	1	3	6
6	1	8	5	4	3	9	7	2
8	7	5	3	1	6	4	2	9
1	3	2	9	5	4	7	6	8
9	4	6	8	7	2	3	1	5

72

3	7	1	2	8	6	5	9	4
5	8	2	9	4	7	3	6	1
4	9	6	3	1	5	7	8	2
7	1	4	6	9	2	8	5	3
9	2	8	4	5	3	6	1	7
6	5	3	8	7	1	2	4	9
2	3	9	5	6	4	1	7	8
8	6	7	1	3	9	4	2	5
1	4	5	7	2	8	9	3	6

73

9	5	8	2	7	6	3	4	1
1	4	7	5	8	3	9	6	2
6	3	2	9	1	4	8	7	5
3	7	9	4	2	5	6	1	8
5	6	1	3	9	8	7	2	4
8	2	4	1	6	7	5	3	9
4	9	3	6	5	2	1	8	7
7	1	6	8	4	9	2	5	3
2	8	5	7	3	1	4	9	6

74

8	3	4	1	5	9	6	2	7
2	1	6	4	8	7	5	3	9
5	7	9	2	6	3	4	8	1
9	6	3	7	4	2	8	1	5
1	2	5	8	9	6	7	4	3
7	4	8	5	3	1	2	9	6
4	5	7	9	1	8	3	6	2
3	8	1	6	2	5	9	7	4
6	9	2	3	7	4	1	5	8

75

8	6	2	5	7	4	1	3	9
1	3	4	8	6	9	5	7	2
5	7	9	3	1	2	6	8	4
7	9	3	6	8	5	2	4	1
4	5	1	2	9	7	3	6	8
6	2	8	1	4	3	7	9	5
3	8	5	4	2	6	9	1	7
2	4	7	9	3	1	8	5	6
9	1	6	7	5	8	4	2	3

76

5	3	8	6	4	1	9	2	7
2	1	7	8	5	9	4	3	6
4	6	9	7	3	2	8	1	5
8	5	1	4	7	6	2	9	3
6	9	2	1	8	3	5	7	4
3	7	4	9	2	5	1	6	8
1	8	3	5	9	7	6	4	2
7	4	6	2	1	8	3	5	9
9	2	5	3	6	4	7	8	1

77

1	8	6	2	5	4	3	9	7
2	4	7	3	8	9	1	5	6
3	9	5	1	6	7	2	8	4
8	6	9	4	3	5	7	1	2
7	5	1	9	2	6	8	4	3
4	2	3	8	7	1	5	6	9
9	3	8	6	1	2	4	7	5
6	7	2	5	4	8	9	3	1
5	1	4	7	9	3	6	2	8

78

5	6	2	4	9	1	7	3	8
1	4	3	5	8	7	2	6	9
9	8	7	3	2	6	4	5	1
8	2	4	6	5	3	1	9	7
7	5	9	8	1	2	3	4	6
3	1	6	9	7	4	8	2	5
6	9	1	2	4	8	5	7	3
4	3	8	7	6	5	9	1	2
2	7	5	1	3	9	6	8	4

79

7	1	4	2	9	6	8	3	5
2	6	8	3	4	5	7	9	1
9	5	3	1	8	7	6	2	4
3	7	1	8	6	4	9	5	2
6	2	9	5	7	1	4	8	3
8	4	5	9	3	2	1	6	7
5	3	7	6	1	8	2	4	9
1	9	6	4	2	3	5	7	8
4	8	2	7	5	9	3	1	6

80

4	6	3	9	1	7	8	2	5
7	5	1	3	8	2	6	4	9
2	8	9	4	5	6	7	1	3
9	4	2	8	6	5	1	3	7
3	7	5	2	4	1	9	8	6
6	1	8	7	9	3	4	5	2
1	3	4	6	2	9	5	7	8
8	9	7	5	3	4	2	6	1
5	2	6	1	7	8	3	9	4

81

9	2	3	8	6	1	5	7	4
4	6	8	9	7	5	2	3	1
7	1	5	2	4	3	8	6	9
5	7	2	3	9	4	1	8	6
8	9	4	7	1	6	3	5	2
6	3	1	5	2	8	4	9	7
2	8	9	4	3	7	6	1	5
3	4	6	1	5	9	7	2	8
1	5	7	6	8	2	9	4	3

82

7	5	4	6	2	3	1	8	9
8	2	3	5	9	1	6	4	7
9	1	6	7	4	8	5	2	3
1	3	9	2	8	6	4	7	5
6	8	2	4	7	5	3	9	1
4	7	5	1	3	9	8	6	2
3	6	7	8	1	2	9	5	4
5	4	1	9	6	7	2	3	8
2	9	8	3	5	4	7	1	6

83

6	1	2	8	4	9	3	5	7
7	9	3	2	5	1	4	6	8
8	4	5	7	6	3	2	9	1
1	8	9	5	3	4	6	7	2
2	5	7	9	8	6	1	3	4
3	6	4	1	7	2	5	8	9
4	3	8	6	1	7	9	2	5
5	2	1	3	9	8	7	4	6
9	7	6	4	2	5	8	1	3

84

2	1	3	5	4	8	9	6	7
7	8	4	2	6	9	5	1	3
5	9	6	3	1	7	2	8	4
9	7	2	1	5	3	6	4	8
1	4	5	6	8	2	7	3	9
6	3	8	7	9	4	1	5	2
4	6	7	9	3	1	8	2	5
8	2	1	4	7	5	3	9	6
3	5	9	8	2	6	4	7	1

85

7	2	3	6	1	4	9	5	8
1	6	4	8	9	5	2	3	7
9	8	5	3	2	7	4	6	1
8	3	9	2	6	1	5	7	4
6	4	2	5	7	8	3	1	9
5	7	1	4	3	9	6	8	2
4	5	7	9	8	6	1	2	3
3	1	6	7	4	2	8	9	5
2	9	8	1	5	3	7	4	6

86

7	1	6	9	8	3	5	2	4
8	5	9	1	4	2	6	7	3
4	3	2	7	5	6	8	9	1
2	6	1	4	9	8	7	3	5
5	4	7	6	3	1	2	8	9
3	9	8	2	7	5	4	1	6
9	7	3	8	6	4	1	5	2
1	8	4	5	2	9	3	6	7
6	2	5	3	1	7	9	4	8

87

5	1	2	6	8	3	4	7	9
8	6	7	2	4	9	3	5	1
4	9	3	7	1	5	2	8	6
1	7	8	3	9	6	5	4	2
9	5	4	1	2	7	8	6	3
2	3	6	4	5	8	1	9	7
6	4	5	9	3	2	7	1	8
7	2	1	8	6	4	9	3	5
3	8	9	5	7	1	6	2	4

88

4	7	9	6	8	5	2	1	3
5	6	3	2	9	1	8	7	4
2	1	8	7	3	4	9	5	6
6	8	4	9	2	7	5	3	1
7	2	1	8	5	3	6	4	9
3	9	5	4	1	6	7	8	2
9	5	2	1	4	8	3	6	7
8	4	7	3	6	9	1	2	5
1	3	6	5	7	2	4	9	8

89

8	6	2	5	7	3	1	4	9
9	4	7	2	6	1	5	3	8
3	5	1	4	8	9	2	6	7
1	7	6	8	2	4	9	5	3
4	9	5	7	3	6	8	2	1
2	8	3	1	9	5	4	7	6
7	2	9	6	5	8	3	1	4
5	1	8	3	4	7	6	9	2
6	3	4	9	1	2	7	8	5

90

8	2	7	4	3	6	1	9	5
3	4	5	8	1	9	7	6	2
9	1	6	7	2	5	8	4	3
5	9	2	3	7	1	6	8	4
1	6	8	2	5	4	3	7	9
4	7	3	6	9	8	5	2	1
7	3	9	5	8	2	4	1	6
6	5	1	9	4	7	2	3	8
2	8	4	1	6	3	9	5	7

91

7	6	2	5	4	9	8	1	3
1	5	9	7	3	8	2	6	4
8	3	4	1	6	2	9	5	7
4	2	1	9	7	3	5	8	6
5	9	3	6	8	1	7	4	2
6	8	7	4	2	5	3	9	1
9	4	8	2	1	7	6	3	5
2	1	5	3	9	6	4	7	8
3	7	6	8	5	4	1	2	9

92

2	6	8	1	9	5	4	7	3
7	3	4	8	2	6	5	1	9
5	1	9	3	4	7	2	8	6
4	8	1	5	6	9	7	3	2
9	7	2	4	1	3	6	5	8
3	5	6	2	7	8	1	9	4
6	4	7	9	3	1	8	2	5
8	2	3	7	5	4	9	6	1
1	9	5	6	8	2	3	4	7

93

9	2	7	5	6	3	4	8	1
1	8	3	2	4	9	7	6	5
4	5	6	7	8	1	3	9	2
6	3	5	1	2	8	9	7	4
7	4	9	6	3	5	2	1	8
2	1	8	9	7	4	5	3	6
8	6	4	3	5	7	1	2	9
5	7	1	8	9	2	6	4	3
3	9	2	4	1	6	8	5	7

94

7	3	1	2	9	4	5	6	8
9	2	6	1	5	8	4	3	7
8	5	4	6	7	3	2	1	9
1	7	2	3	6	9	8	5	4
5	4	8	7	1	2	6	9	3
3	6	9	8	4	5	7	2	1
4	1	5	9	2	7	3	8	6
6	8	7	5	3	1	9	4	2
2	9	3	4	8	6	1	7	5

95

6	9	7	4	3	5	8	1	2
5	3	1	7	8	2	4	9	6
8	2	4	1	6	9	3	7	5
9	8	3	5	1	4	2	6	7
4	7	5	9	2	6	1	8	3
2	1	6	3	7	8	5	4	9
3	6	2	8	4	7	9	5	1
1	4	9	6	5	3	7	2	8
7	5	8	2	9	1	6	3	4

96

7	6	1	2	8	9	5	4	3
8	5	2	4	1	3	9	7	6
9	3	4	7	6	5	8	1	2
6	8	5	9	3	7	4	2	1
3	1	9	6	4	2	7	5	8
2	4	7	1	5	8	6	3	9
4	7	8	3	2	6	1	9	5
1	2	6	5	9	4	3	8	7
5	9	3	8	7	1	2	6	4

97

6	1	7	9	4	2	8	3	5
4	9	3	8	7	5	6	2	1
5	8	2	1	3	6	4	7	9
7	4	9	2	6	3	1	5	8
3	5	8	4	9	1	2	6	7
1	2	6	5	8	7	3	9	4
2	6	1	7	5	4	9	8	3
8	3	5	6	1	9	7	4	2
9	7	4	3	2	8	5	1	6

98

8	4	2	1	9	3	7	6	5
9	7	3	2	6	5	4	1	8
5	1	6	7	4	8	3	9	2
6	8	5	9	3	4	2	7	1
4	3	7	6	1	2	8	5	9
2	9	1	5	8	7	6	4	3
7	6	8	3	5	9	1	2	4
1	5	4	8	2	6	9	3	7
3	2	9	4	7	1	5	8	6

99

5	3	1	9	6	8	7	4	2
8	9	4	3	2	7	5	6	1
6	2	7	5	1	4	3	9	8
3	5	6	8	4	2	1	7	9
4	8	2	7	9	1	6	5	3
1	7	9	6	3	5	8	2	4
2	4	3	1	5	6	9	8	7
7	1	5	2	8	9	4	3	6
9	6	8	4	7	3	2	1	5

100

5	9	6	3	8	7	4	1	2
7	1	3	4	9	2	8	5	6
2	4	8	6	5	1	3	7	9
3	5	2	7	6	4	1	9	8
6	7	1	9	2	8	5	4	3
9	8	4	1	3	5	2	6	7
1	2	5	8	7	6	9	3	4
8	6	9	5	4	3	7	2	1
4	3	7	2	1	9	6	8	5

THE TIMES

Su Doku

The Times Su Doku

Book 1

is available at £5.99

ISBN 0-00-720732-8

The Times Su Doku

Book 2

is available at £5.99

ISBN 0-00-721350-6